essentials

essentials liefern aktuelles Wissen in konzentrierter Form. Die Essenz dessen, worauf es als „State-of-the-Art" in der gegenwärtigen Fachdiskussion oder in der Praxis ankommt. *essentials* informieren schnell, unkompliziert und verständlich

- als Einführung in ein aktuelles Thema aus Ihrem Fachgebiet
- als Einstieg in ein für Sie noch unbekanntes Themenfeld
- als Einblick, um zum Thema mitreden zu können

Die Bücher in elektronischer und gedruckter Form bringen das Expertenwissen von Springer-Fachautoren kompakt zur Darstellung. Sie sind besonders für die Nutzung als eBook auf Tablet-PCs, eBook-Readern und Smartphones geeignet. *essentials:* Wissensbausteine aus den Wirtschafts-, Sozial- und Geisteswissenschaften, aus Technik und Naturwissenschaften sowie aus Medizin, Psychologie und Gesundheitsberufen. Von renommierten Autoren aller Springer-Verlagsmarken.

Weitere Bände in dieser Reihe http://www.springer.com/series/13088

Michael Reichel

Fertigungstechnik – Umformen

Napfrückwärtsfließpressen

Michael Reichel
Sigmaringendorf, Deutschland

ISSN 2197-6708 ISSN 2197-6716 (electronic)
essentials
ISBN 978-3-658-18299-1 ISBN 978-3-658-18300-4 (eBook)
DOI 10.1007/978-3-658-18300-4

Die Deutsche Nationalbibliothek verzeichnet diese Publikation in der Deutschen Nationalbibliografie; detaillierte bibliografische Daten sind im Internet über http://dnb.d-nb.de abrufbar.

Springer Vieweg

Gedruckt auf säurefreiem und chlorfrei gebleichtem Papier

Springer Vieweg ist Teil von Springer Nature
Die eingetragene Gesellschaft ist Springer Fachmedien Wiesbaden GmbH
Die Anschrift der Gesellschaft ist: Abraham-Lincoln-Str. 46, 65189 Wiesbaden, Germany

Was Sie in diesem *essential* finden können

- Theoretische Zusammenhänge
- Beschreibung der Maschinen und deren Werkzeuge
- Protokolle der Versuche

Vorwort

Das vorliegende *essential* zeichnet sich nicht nur durch das Darlegen der theoretischen Grundlagen aus, sondern vor allem durch den Praxisbezug aufgrund durchgeführter Versuche. Das Aufzeigen der Zusammenhänge rundet dieses Gesamtwerk ab.

Dieses *essential* wurde in enger Zusammenarbeit mit dem Verlag erstellt. Mein Dank gilt Hr. Dipl.-Ing. Thomas Zipsner (Cheflektor) für die kritische Durchsicht sowie für seine Verbesserungsvorschläge.

Für die engagierte Unterstützung bei den Versuchen danke ich auch, dem leider verstorbenen, Hr. Prof. Dr.-Ing. Andreas Willige von der FH-Konstanz.

Sigmaringendorf, Deutschland Michael Reichel

Inhaltsverzeichnis

1 Theoretische Zusammenhänge

1.1 Stellenwert unter den verschiedenen Druckumformverfahren

Wie aus Abb. 1.1 ersichtlich, gehört das Fließpressen zu den Massivumformverfahren. Nach DIN 8583 ist es den Durchdrückverfahren zugeordnet.

Umformen ist in Anlehnung an DIN 8580 die gezielte Änderung der Form, der Oberfläche und der Werkstoffeigenschaften eines Werkstückes unter Beibehaltung von Masse und Stoffzusammenhang. Das Werkstück ist dabei in der Regel aus Metall bzw. einer schmelzmetallurgisch oder pulvermetallurgisch hergestellten Metalllegierung oder aus einem Verbundwerkstoff.

1.2 Einteilung und Zuordnung der verschieden Fließpressverfahren

Das Napfrückwärtsfließpressen gehört, wie der Begriff schon sagt, in die Gruppe der Fließpress-Verfahren, das sich nach dem Schema in Abb. 1.2 gliedert.

1.3 Grundlagen

Fließspannung
Wenn durch einen Spannungszustand eine bleibende Formänderung erzeugt wird, spricht man vom Fließen eines Werkstoffs. Die Fließspannung k_f (auch Formänderungsfestigkeit genannt) ist beim einachsigen Zugversuch die Zugkraft F

M. Reichel, *Fertigungstechnik – Umformen*, essentials,
DOI 10.1007/978-3-658-18300-4_1

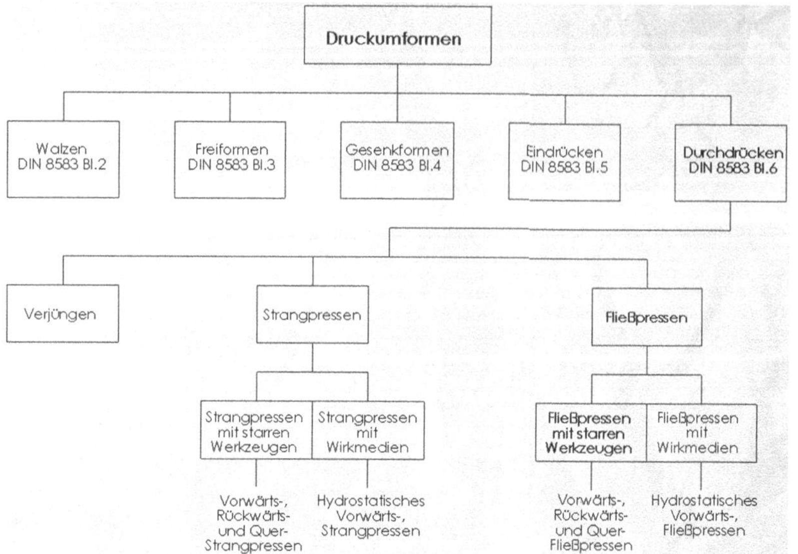

Abb. 1.1 Organigramm. (Eigene Darstellung)

bezogen auf die jeweilige momentane Querschnittsfläche A, bei der der Werkstoff fließt, d. h. eine bleibende Formänderung erfährt:

$$k_f = F / A \tag{1.1}$$

Formänderungsgrößen

Die Größe der Formänderung. φ wird von der logarithmischen Formänderung φ_h (Umformgrad) beschrieben.

$$\varphi_h = \ln \frac{A_0}{A_1} \tag{1.2}$$

Fließkriterien

Nach Trescas Schubspannungshypothese tritt Fließen ein, wenn die größte Schubspannung τ_{max} die Schubfließspannung k eines Werkstoffes erreicht.

$$\tau_{max} = k \tag{1.3}$$

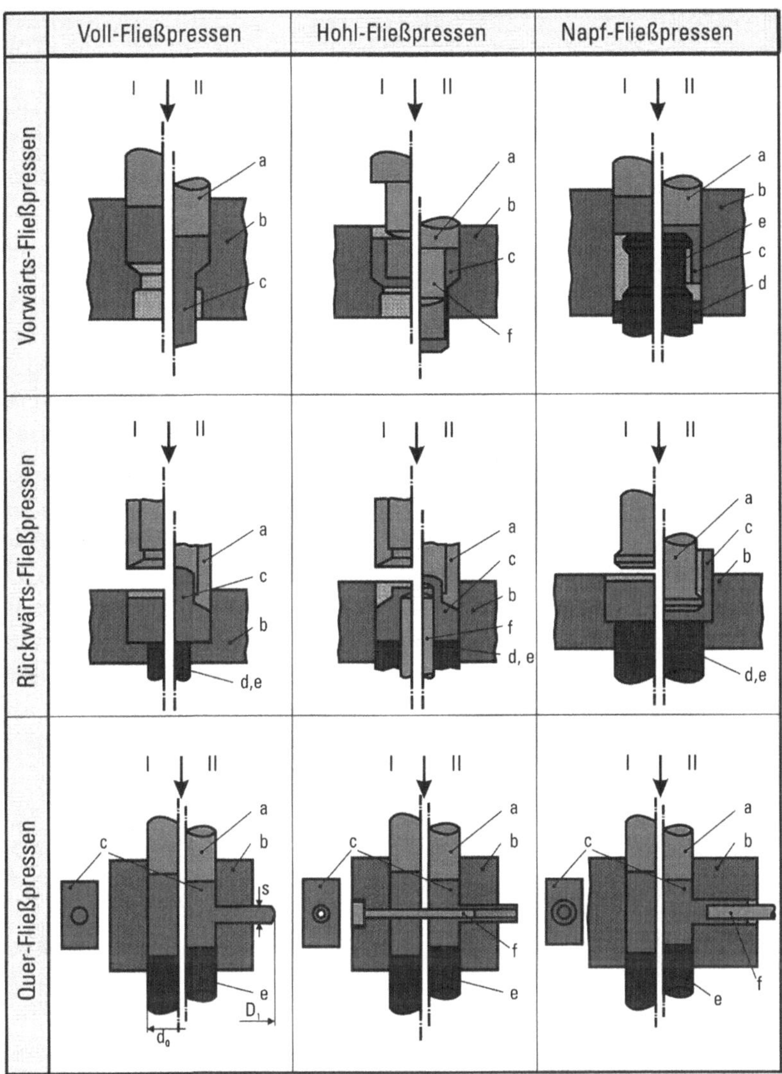

Legende:

I: Zustand 1 (vor dem Umformprozess - Rohling dargestellt)
II: Zustand 2 (nach dem Umformprozess - Fertigteil dargestellt)

a: Stempel	b: Matrize	c: Werkstück
d: Auswerfer	e: Gegenstempel	f: Dorn

Abb. 1.2 Schemata [7]

Fließkurve

Die zur Erreichung und Aufrechterhaltung des Fließens erforderliche Fließspannung k_f eines Werkstoffes ist abhängig von der Hauptformänderung φ_g, der Hauptspannungsgeschwindigkeit φ_g, und der Temperatur υ des Formgutes (s. Abb. 1.3).

Eine Fließkurvenaufnahme erfolgt meist bei Raumtemperatur im einachsigen Zugversuch im Bereich der Gleichmaßdehnung oder im einachsigen Stauchversuch. Für die Fließkurvenermittlung bei erhöhten Temperaturen und großen Umformgraden werden in der Regel der Stauchversuch und der Torsionsversuch verwendet.

Anisotropie

Sie ist dann gegeben, wenn ein Werkstoff richtungsabhängige Eigenschaften aufweist. In der Blechumformung definiert man als senkrechte Anisotropie das

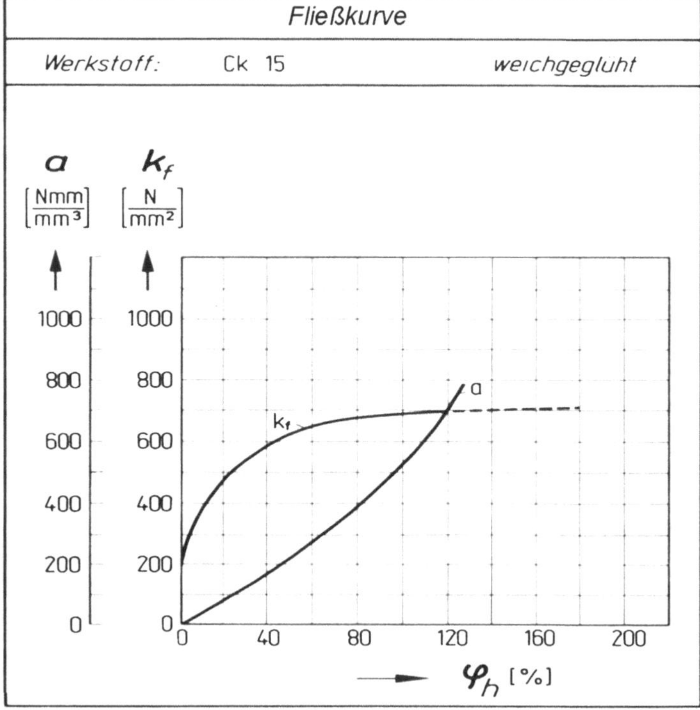

Abb. 1.3 Fließkurve [9]

Verhältnis von log. Breitenformänderung zu log. Dickenformänderung im einachsigen Zugversuch.

$$r = \frac{\ln\left(\frac{b_1}{b_0}\right)}{\ln\left(\frac{s_1}{s_0}\right)}$$

r: senkrechte Anisotropie
b_0: Ausgangsbreite
b_1: Breite mit Formänderung
s_0: Ausgangsdicke
s_1: Dicke mit Formänderung, Formänderungsvermögen

Darunter versteht man die plastische Formänderung, die ein bestimmter Werkstoff in der Umformzone bis zum Bruch ertragen kann bei einem bestimmten Spannungszustand, einer bestimmten Temperatur und einer bestimmten Formänderungsgeschwindigkeit. Gegebenenfalls sind auch noch andere Parameter, wie z. B. die Formänderungsbeschleunigung bei extrem hohen Formänderungsgeschwindigkeiten von Einfluss.

Grenzformänderungsvermögen
In der Blechumformung erfolgt die Analyse der Formänderungen häufig durch Aufbringen eines Kreisrasters vor der Umformung. Nach der Umformung werden die sich ergebenden Ellipsen ausgemessen [1, 3, 4, 5].

2 Das Napfrückwärtsfließpressen

Napfrückwärtsfließpressen ist Rückwärtsfließpressen, wobei aus einem Vollkörper ein vornehmlich dünnwandiger Hohlkörper (Napf, Hülse, Becher) hergestellt wird. Die formgebende Werkzeugöffnung wird dabei durch eine Pressbüchse und einen Stempel gebildet.

Der Werkstoff fließt entgegen der Arbeitsbewegung des Werkzeugs, wie in Abb. 2.1 dargestellt.

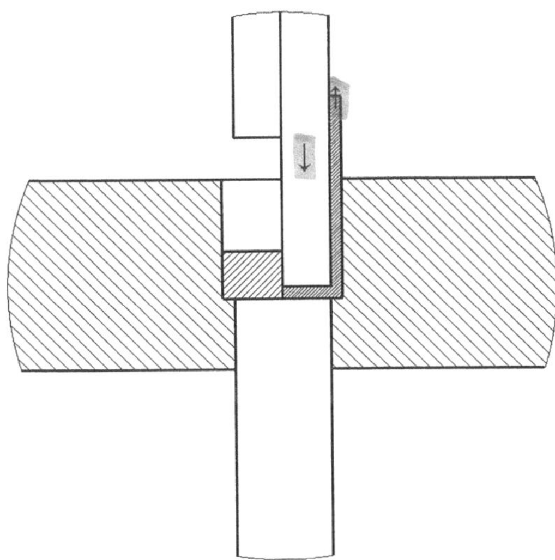

Abb. 2.1 Schema. (Eigene Darstellung)

M. Reichel, *Fertigungstechnik – Umformen*, essentials,
DOI 10.1007/978-3-658-18300-4_2

Abb. 2.2 Versuchsproben. (Eigene Darstellung)

Meistens wird kalt umgeformt, d. h. es findet unter der Rekristallisierungstemperatur statt. Im Gegensatz zum Warmumformen, wo sich demzufolge eine andere Struktur aufbaut, findet eine höhere Kaltverfestigung an der Oberfläche statt.

In Abb. 2.2 sieht man zwei Hülsen und die dazu gehörenden Rohlinge.

2.1 Fehlerquellen

Es ist fundiertes theoretisches Wissen und viel praktische Erfahrung notwendig, um einwandfreie Fertigteile herzustellen. Tab. 2.1 zeigt eine kleine Auswahl.

Die hier schlecht sichtbare Unmittigkeit kann z. B. durch (ungleichmäßige) Reibung auftreten.

Zum Vergleich ist eine Versuchsprobe mit richtig eingestelltem Druck in Abb. 2.5 dargestellt.

Tab 2.1 Verschiedene Ziehergebnisse

Ursache	Wirkung	Ergebnis
Druck zu niedrig	Führt zu Faltenbildung oder zu Abriss	Siehe Abb 2.3
Druck zu hoch	Werkstoff fließt zu viel	Siehe Abb. 2.4 (Anmerkung: Teil liegt um 180° gedreht)
Druck richtig	Werkstoff fließt ausreichend	Siehe Abb. 2.5

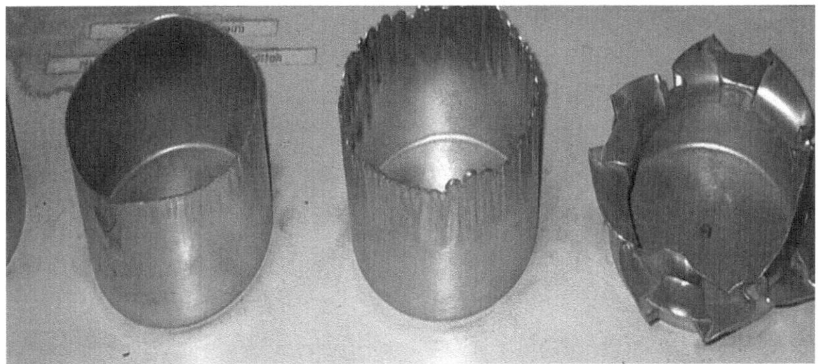

Abb. 2.3 Versuchsproben – mit zu geringem Druck hergestellt. (Eigene Darstellung)

2.2 Das Vorbehandeln

Um den großen Kräften möglichst wenig Reibungswiderstand entgegen zu setzen, werden die Werkstücke vorbehandelt. Würde man die Rohlinge (Draht- oder Stangenabschnitte) nur einfach in das Presswerkzeug einführen und dann pressen, dann wäre das Werkzeug nach wenigen Stücken nicht mehr zu gebrauchen. Durch eine entstehende Kaltverschweißung zwischen Werkstück und Werkzeug käme es im Werkzeug zum Fressen. Dadurch würden am Werkzeug Grate entstehen, die Ausschuss zur Folge hätten. Deshalb müssen die Rohlinge vor dem Pressen sorgfältig vorbereitet werden. Zu dieser Oberflächenbehandlung gehören unter anderem Beizen, Phosphatieren und Schmieren.

Abb. 2.4 Versuchsprobe – mit zu hohem Druck hergestellt. Anmerkung: Die Fehlstelle ist hier der durchgerissene Boden. (Eigene Darstellung)

Beizen

Mit dem Beizvorgang sollen oxydische Überzüge (Rost, Zunder) entfernt werden, sodass, als Ausgangsbasis für die eigentliche Oberflächenbehandlung, die Oberfläche des Pressrohlings metallisch rein ist.

Als Beizmittel verwendet man verdünnte Säuren. Für Stahl z. B. 10 %ige (Volumenprozent) Schwefelsäure.

Phosphatieren

Wenn man auf einen metallisch reinen (gebeizten) Rohling als Schmiermittel Fett, Öl oder Seife unmittelbar aufbringen würde, dann hätte das Schmiermittel keine Wirkung. Beim Pressen würde der Schmierfilm abreißen und es käme zum Kaltverschweißen und Fressen.

Deshalb muss zuerst eine Schmiermittelträgerschicht aufgebracht werden, die mit dem Rohlingswerkstoff eine feste Bindung eingeht. Als Trägerschicht verwendet man Phosphate. Mit dem Phosphatieren wird eine nichtmetallische, mit

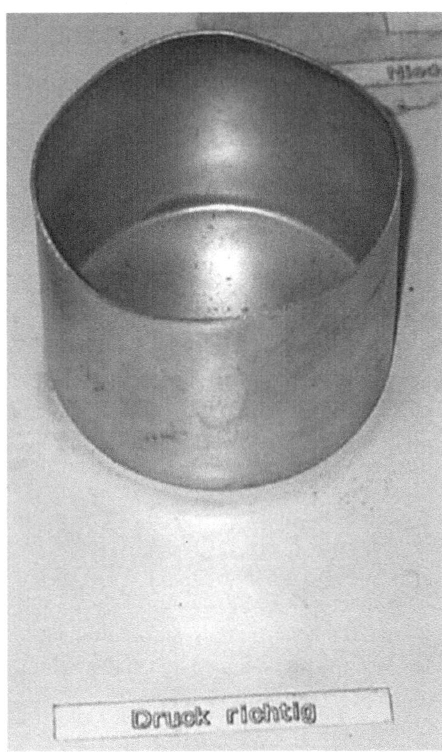

Abb. 2.5 Versuchsprobe – mit richtig eingestelltem Druck hergestellt. (Eigene Darstellung)

dem Grundwerkstoff fest verwachsene Schmiermittelträgerschicht auf den Rohling aufgebracht.

Eine so behandelte poröse Schicht wirkt als Schmiermittelträger. In die Poren diffundiert das Schmiermittel ein und kann so vom Rohling nicht mehr abgestreift werden. Die Schichtdicken des aufgebrachten Phosphats liegen zwischen 5 und 15 µm.

Schmieren

Das Schmiermittel soll:

- die unmittelbare Berührung zwischen Werkzeug und Werkstück verhindern, um damit eine Stoffübertragung vom Werkzeug auf das Werkstück (Kaltverschweißung) unmöglich zu machen
- die Reibung zwischen den aufeinander gleitenden Flächen vermindern und damit die bei der Umformung entstehende Wärme in Grenzen halten.

Schmierstoffe für das Kaltumformen

Für das Kaltumformen kann man folgende Stoffe als Schmiermittel einsetzen:

Kalk (Kälken)

Unter Kälken versteht man ein Eintauchen der Rohlinge in eine auf 90 °C erwärmte Lösung aus Wasser mit 8 Gewichtsprozent Kalk. Kälken ist nur für Stahl bei geringen Umformungen anwendbar.

Seife

Hier verwendet man z. B. Kernseifenlösungen mit 4–8 Gewichtsprozent Seifenanteil bei 80 °C und einer Tauchzeit von 2–3 min. Ihr Einsatz ist bei mittleren Schmieranforderungen gegeben.

Mineralöle (evtl. mit geringen Fettzusätzen)

Diese unter der Bezeichnung Pressöle auf dem Markt befindlichen Schmiermittel sind für hohe Schmieranforderungen vor allem bei automatischer Fertigung geeignet. Sie übernehmen neben der Schmierung noch zusätzlich die Aufgabe des Kühlens.

Molybdändisulfid (Molykote-Suspensionen)

Bei den Schmiermitteln auf Molybdändisulfid-Basis die für höchste Schmieransprüche geeignet sind, verwendet man überwiegend MoS_2-Wasser-Suspensionen.

Die Tauchzeit liegt zwischen 2 und 5 min bei einer Temperatur von 80 °C. Die Konzentration (Mittelwert) liegt bei 1:3 (d. h. 1 Teil Molykote, 3 Teile Wasser).

Bei besonders schwierigen Umformungen verwendet man auch höher konzentrierte Suspensionen.

3 Umformmaschinen

Umformmaschinen führen die Werkzeuge entgegen der Wirkung der Umformkraft in eine vorbestimmte Endlage. Dabei wird die für die Umformung benötigte Energie bereitgestellt. Dieser Vorgang wird laufend wiederholt.

Hauptsächlich laufen die Bewegungen von Umformmaschinen in geradliniger Richtung ab. Problematisch auf die Maschinenkonstruktion wirken sich die kurzzeitig auftretenden Kräfte aus. Hieraus ergibt sich die Notwendigkeit nach einem Energiespeicher, der die Umformarbeit während der Umformzeit bereitstellt. Problematisch sind auch die Schwingungsanregungen der Bauteile, die – abgesehen von der Beanspruchung der Maschine – Geräusche und Erschütterungen verursacht.

Wichtige Anforderungen sind außerdem:

- große Arbeitsgenauigkeit
- kurze Rüstzeiten
- kurze Druckberührzeiten
- Sicherheit
- Bedienungskomfort

M. Reichel, *Fertigungstechnik – Umformen*, essentials,
DOI 10.1007/978-3-658-18300-4_3

Tab. 3.1 Ausführungsformen von Umformmaschinen

Ausführungsform	Anwendungsbeispiel
Weggebunden	Exzenterpressen, Kurbelpressen, Kniehebelpressen, Kurbelkeilpressen
Kraftgebunden	Hydraulische Pressen mit Speicher, Hydrokeilpressen
Arbeits- bzw. energiegebunden	Fallhämmer, Oberdruckhämmer, Gegenschlaghämmer, Reibspindelpressen, Spindelkeilpressen

3.1 Unterscheidung der Maschinen

Tab. 3.1 zeigt verschiedene Ausführungsformen Umformmaschinen.

3.2 Bauarten

Die Einteilung der Pressmaschinen in weg-, kraft- und energiegebundene Maschinen ist darin begründet, dass jeweils eine der drei Größen – Stößelhub, Größtkraft und maximale Energieabgabe – fest vorgegeben ist. Die beiden anderen stellen sich je nach der Art des Umformvorganges innerhalb konstruktionsbedingter Grenzen frei ein.

- bei weggebundenen Maschinen ist der Stößelhub H bestimmt
- bei kraftgebundenen Maschinen ist es die Größtkraft F_{max},
- bei energiegebundenen Maschinen ist die Energieabgabe AE bestimmt

Grundsätzlich bestehen Umformmaschinen aus folgenden Komponenten:

- Grundgestell mit Führungen
- Stößel oder Bär mit der Werkzeughalterung
- Antrieb (Motor, Energiespeicher, Übertragungsglieder)
- Ausrüstung
- Steuerung

Meistens ist ein massives Fundament zur Abstützung der Maschine erforderlich.

3.3 Energiespeicher

Folgende Energiespeicher kommen meistens zum Einsatz:

- **Fallmasse:**

$$E_{pot} = m_B \cdot g \cdot h \tag{3.1}$$

E_{pot} [J] Lageenergie
m_B [kg] Bärmasse
g [m/s^2] Erdbeschleunigung
h [m] Fallhöhe

- **Schwungradmasse:**

$$E_{rot} = J \cdot \frac{\omega^2}{2} \tag{3.2}$$

E_{rot} [J] Rotationsenergie
J [kg m^2] Massenträgheitsmoment
ϖ [s$-^1$] Winkelgeschwindigkeit

- **Druckspeicher:**

$$E = p \cdot V \tag{3.3}$$

E [J] Energie
P [Pa] Druck
V [mm^3] Volumen

3.4 Hydraulische Pressen

Diese Maschine ist für das Napfrückwärtsfließpressen prädestiniert. Aufgrund ihres charakteristischen Umformverhaltens (kraftgebunden und nicht weggebunden, langer Hub mit variabler Hubhöheneinstellung, genau einstellbare Hubgeschwindigkeit möglich, große Energie über den gesamten Hub) eignen sie sich ausgezeichnet zum Umformen von Aluminium. Sie werden oft zum Napfrückwärtsfließpressen eingesetzt. Um eine gute Prozesssicherheit zu erhalten, muss der (Arbeits-) Weg begrenzt werden. Dies war auch bei meiner Maschine im Versuch der Fall. Sie besitzt einen mechanischen Anschlag. Das Hydraulikaggregat baut dabei seinen maximalen Arbeitsdruck auf, bis der Stößel wieder nach oben gefahren wird (s. Abb. 3.1, 3.2, 3.3, 3.4, 3.5, 3.6, 3.7 und 3.8).

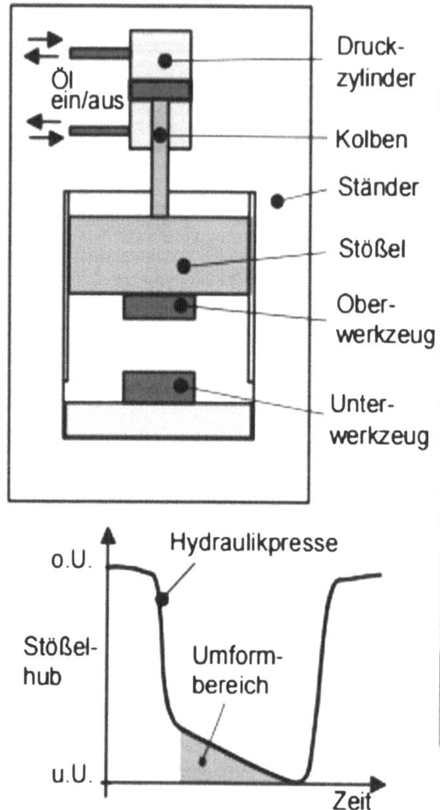

Abb. 3.1 Prinzipdarstellung und Stößel-Weg-Zeitverlauf einer Hydraulikpresse [2]

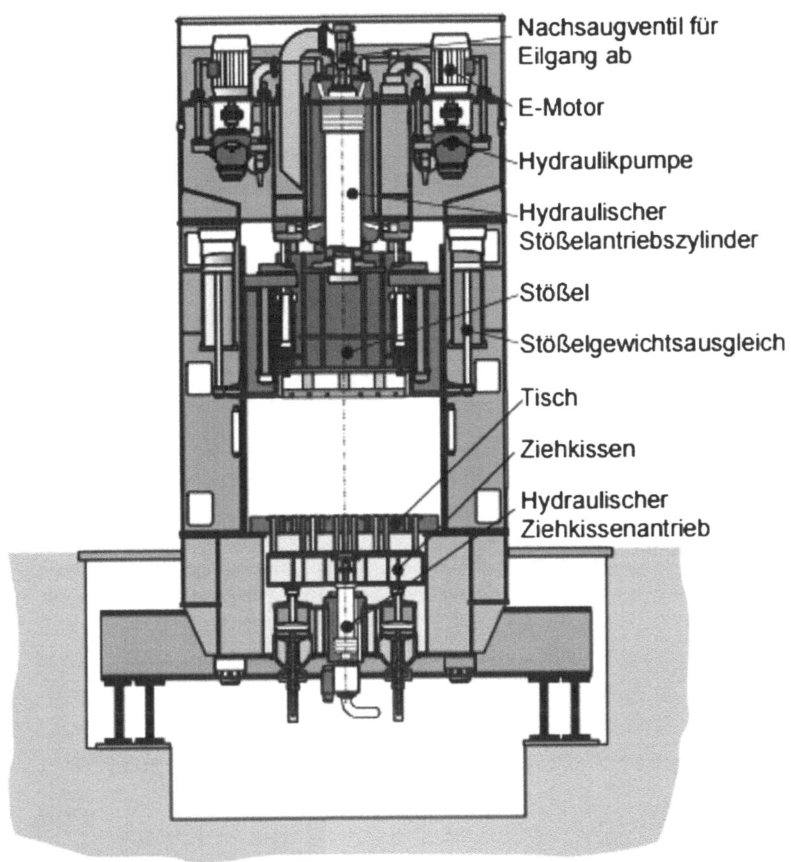

Abb. 3.2 Hydraulikpresse Schema detailliert [2]

1: Kopfstück
2: Pumpe
3: Seitenständer
4: Presszylinder
5: Stößel
6: Führung
7: Schnitt von Seitenständer
8: Zuganker
9: Pressentisch

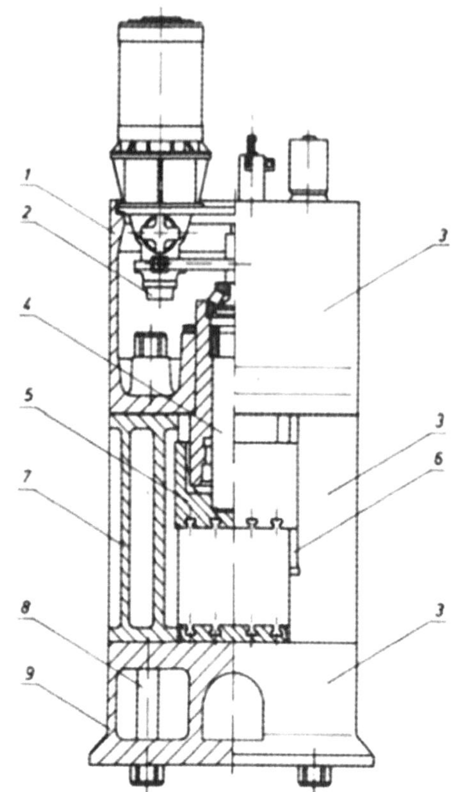

Abb. 3.3 Hydraulische Presse [9]

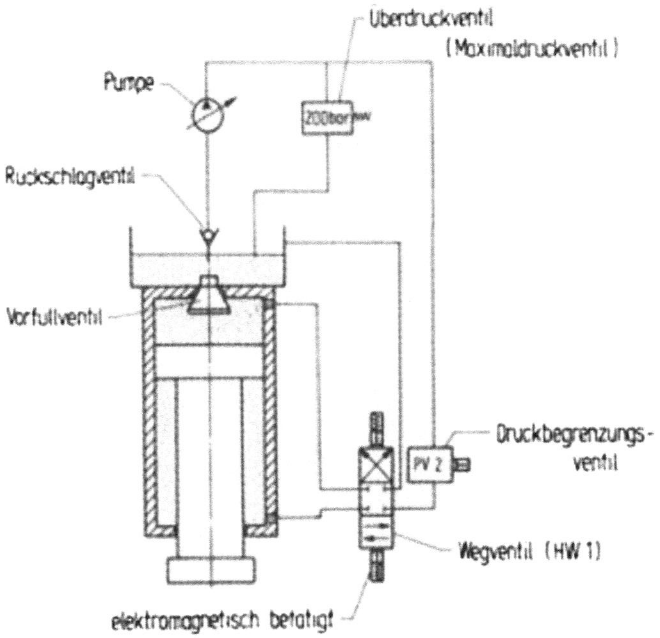

Abb. 3.4 Vereinfachtes Schema des Antriebs [9]

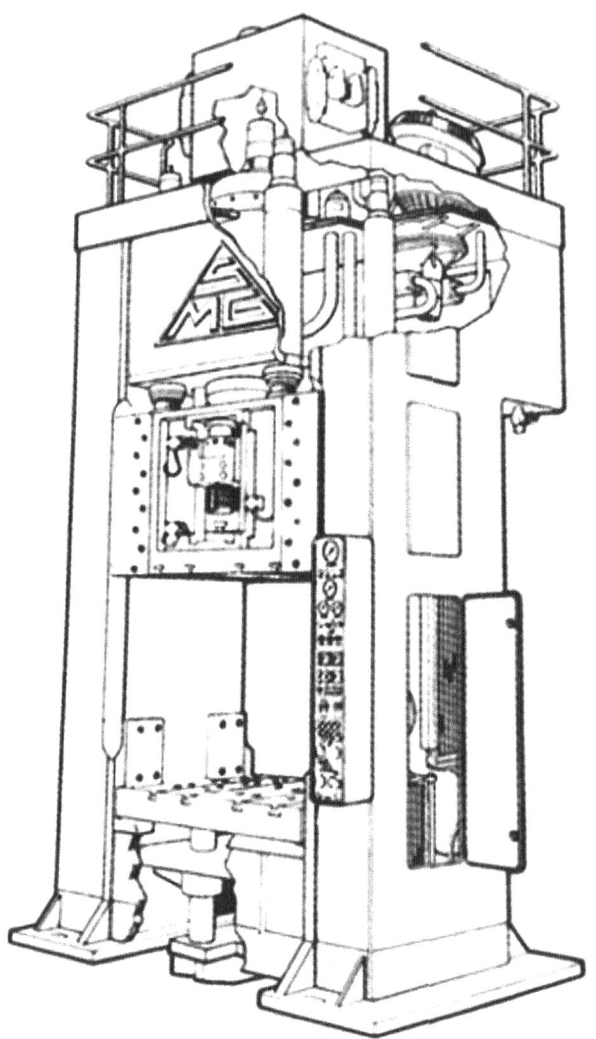

Abb. 3.5 Schnittbild einer hydraulischen Ziehpresse [9]

Abb. 3.6 Hydraulikpresse Teilschnitt [2]

Abb. 3.7 Hydraulische Fließpresse [9]

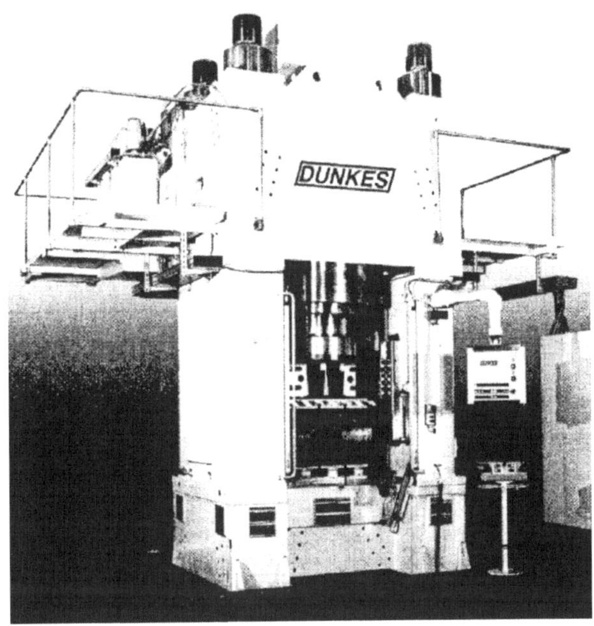

Abb. 3.8 Hydraulische Präge- und Kalibrierpresse [9]

4 Werkzeug

Wie aus Abb. 4.1 ersichtlich, ist ein Auswerfer (8) ein Element eines Umformwerkzeugs, das gewährleistet, dass das Werkzeug vom fertigen Umformteil (Napf) befreit wird und zur Aufnahme des neuen Rohteils bereit ist. Kennzeichnend für einen Auswerfer ist, dass er sich im Gesenk befindet und, durch meist einen Bolzen, das fertige Umformteil aus dem Gesenk auswirft. Der Auswerfer überwindet die Gewichtskraft sowie die Kräfte der Eigenspannung des Umformteils im Gesenk. Ohne Auswerfer würde das Umformteil im Gesenk verbleiben.

Ein Abstreifer (9) ist ein Teil der Umformpresse, das den Pressenstößel vom fertigen Umformteil befreit. Beim Napfrückwärtsfließpressen ist dies beispielsweise ein gelochtes, massives Blech, das mit geringem Spiel um den Stößel angebracht ist. Ist der Pressenstößel nun in seiner Aufwärtsbewegung, so streift er den Napf vom Stößel ab.

Den Auswerfern und den Abstreifern kommen also unterschiedliche Aufgaben zu: Zum Entfernen der Werkstücke und des Abfalls (Abrieb etc.) aus dem Werkzeug sind Abstreifer (meist Platten) im Werkzeug erforderlich. Während der Auswerfer von innen her wirkt, entfernt der Abstreifer von außen her das Werkstück vom Stempel bzw. vom Werkzeug. Er kann dann fest mit der Schneidplatte oder mit Führungssäulen verbunden sein.

Der Auswerfer befördert, überwiegend bei kleineren Einlegearbeiten, das fertige Werkstück nach erfolgtem Abstreifen aus dem Werkzeug. An der Führungsplatte wird es abgestreift und dann vom vorschnellenden Auswerfer ausgeworfen [6, 9].

M. Reichel, *Fertigungstechnik – Umformen*, essentials,
DOI 10.1007/978-3-658-18300-4_4

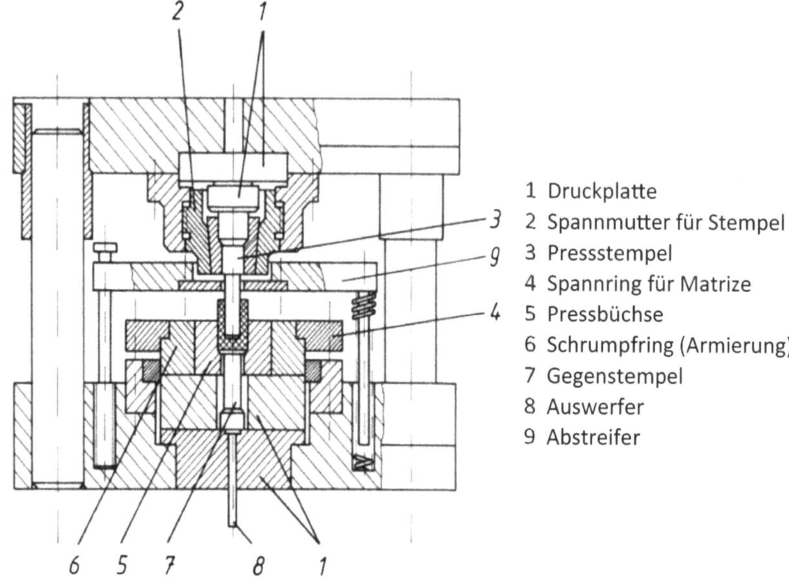

Abb. 4.1 Werkzeugbeispiel [9]

Versuch 5

5.1 Versuchsaufbau – Kenndaten

Es wurde eine LASCO-Tiefziehpresse TZP 100So verwendet (s. Abb. 5.1). Sie ist eine hydraulische Presse mit einer maximalen Presskraft von 1000 kN. Sie gehört somit zu den kraftgebundenen Pressen. Sie kann ihre Arbeit sehr kontinuierlich abgeben und ist deshalb besonders gut zum Fließpressen geeignet. Diese Presse ist ursprünglich für das Tiefziehen von Blechteilen konstruiert worden [8].

Als Werkstoff diente Reinaluminium (99,8) – EN AW-1080A.

5.2 Versuchsdurchführung

Der Rohling wird in die Matrize eingelegt. Dann fährt der Pressstempel nach unten. Nachdem er in die Matrize eindringt und die Tablette nach unten drückt, fährt er weiter bis an den Anschlag. Währenddessen wird das Aluminium verdrängt und in dem Spalt zwischen Stempel und Matrizenwand hochgedrückt, der Fließprozess findet statt. Nachdem der Stempel am Anschlag angelangt ist, baut die Maschine noch den eingestellten Maximaldruck auf und fährt dann wieder nach oben. Beim Hochfahren wird das fertige Werkstück abgestreift und fällt herunter.

Die dabei auftretenden Kräfte und der Weg des Stempels in Abhängigkeit der Zeit werden protokolliert.

Der Vorgang findet bei Raumtemperatur statt (Kaltumformung).

M. Reichel, *Fertigungstechnik – Umformen,* essentials,
DOI 10.1007/978-3-658-18300-4_5

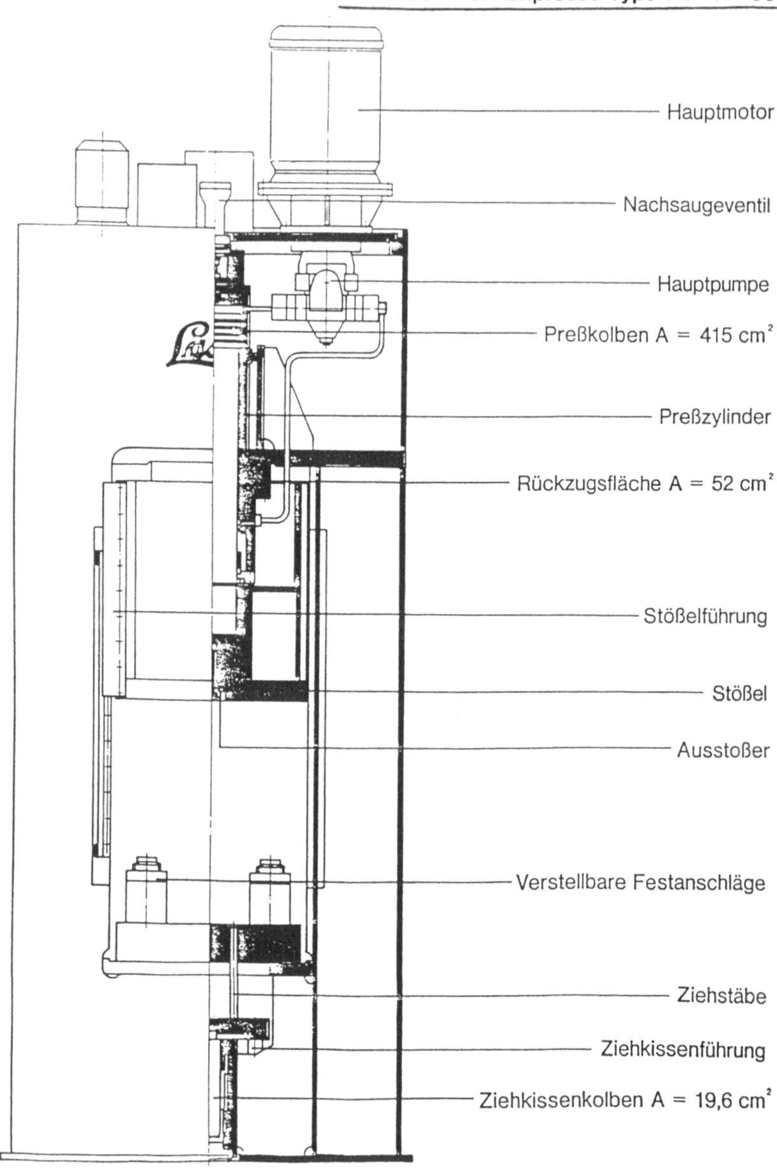

Abb 5.1 Presse [8]

5.3 Stadienplan

Wie in der Abb. 5.2 zu sehen ist, besteht der Versuch aus zwei Stadien. Links Rohling – rechts: Fertigteil (Napf).

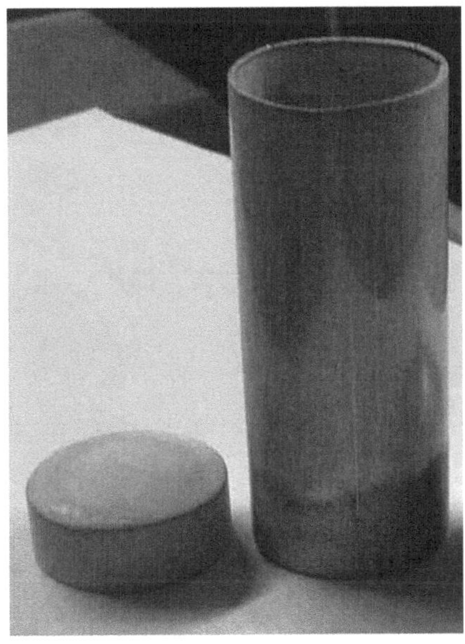

Abb 5.2 Stadienplan. (Eigene Darstellung)

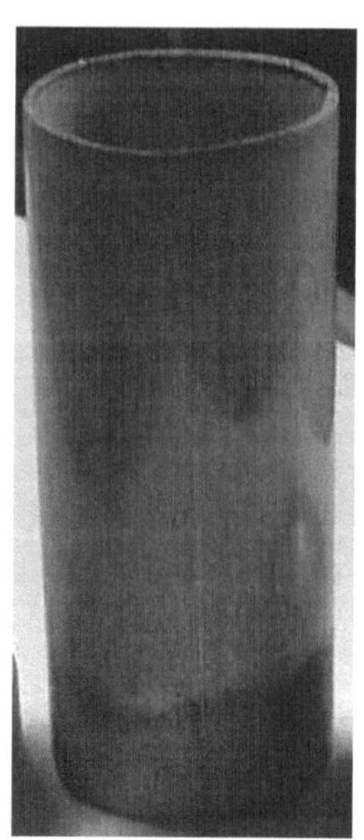

Abb 5.3 Fertigteil. (Eigene Darstellung)

5.4 Endprodukt

In Abb. 5.3 ist das Endprodukt dargestellt.

5.5 Rechnerische Ergebnisse

In Abb. 5.4 ist der Rohling (unten) und das Fertigteil (oben) aufskizziert.

Presskraft

$$\varphi_h = \ln \frac{D_0}{(D_0 - d)} - 16 \tag{5.1}$$

$$= \ln \frac{29{,}8}{(29{,}8 - 28)} - 16$$

$$= 2{,}64$$

$$= 264\,\%$$

Abb 5.4 Zeichnung [9]

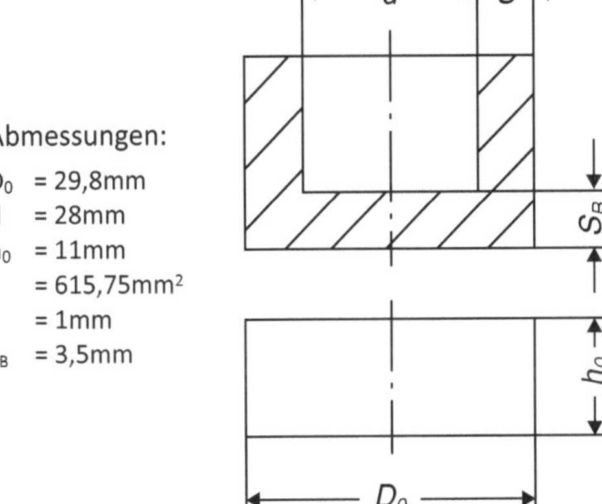

Fließspannung

$$\mathrm{K_{fm}} = \frac{(k_{f0} + k_{f1})}{2} \tag{5.2}$$

$$\mathrm{k_{fm}} = \frac{(60\,\mathrm{N/mm^2} + 180\,\mathrm{N/mm^2})}{2}$$

$$= 120\,\mathrm{N/mm^2}$$

$$\mathrm{F} = \mathrm{A_f} * \frac{k_{fm}}{(\eta_F)} * \left(2 + 0{,}25\frac{h_0}{s}\right) \tag{5.3}$$

$$= (14\mathrm{mm})^2 * \pi \; * \frac{120\mathrm{N}/mm^2}{0{,}7} * \left(2 + 0{,}25\frac{11}{1}\right)$$

$$= 501\mathrm{kN}$$

Umformweg

$$\mathrm{s_w} = \mathrm{h_0} - \mathrm{s_B} \tag{5.4}$$

$$= 11\,\mathrm{mm} \; - 3{,}5\,\mathrm{mm}$$

$$= 0{,}0075\,\mathrm{m}$$

Formänderungsarbeit

$$W = F * s_W * \kappa \qquad \kappa = 1 \tag{5.5}$$

$$= 501\,\text{kN} * 0{,}0075\,\text{m} * 1$$
$$= 3{,}75\,\text{kNm}$$

5.6 Experimentelle Ergebnisse

Die Kraft wurde mit einem Piezokristallkraftaufnehmer gemessen. Das Signal von diesem wurde mit einem Ladungsverstärker aufbereitet und an einen x-y-Schreiber weitergeleitet, der als Ausgabeeinheit eingesetzt war und alles protokollierte.

Auch eine Möglichkeit wäre das Ankleben eines (oder mehrerer) Dehnungsmessstreifen (DMS) am Schaft des Stempels. Hierzu müsste der Stempel jedoch vollkommen frei von Biegungsbeanspruchung sein, was bei unserer Werkzeuggeometrie nicht gegeben ist.

Eine weitere Möglichkeit der Kraftmessung wäre der Einsatz einer Kraftmessdose. Sie liefert auch sehr genaue Ergebnisse.

6 Erkenntnisse

Aus dem Kraft-Weg-Diagramm (Abb. 6.1) ist Folgendes ersichtlich:

Der Pressenhub beträgt etwa 97 mm. Es erfolgt dann eine elastische Verformung, was der Hooke'schen Geraden am Anfang der Kurve entspricht. Nach etwa 1,8 mm beginnt sich der Butzen im Gesenk an die Wandung anzulegen, die Gerade beginnt abzufallen.

Der Werkstückwerkstoff beginnt nun zu fließen. Die Kurve sinkt dabei wieder ab. Nun tritt die zunehmende Kaltverfestigung zum Vorschein in einem weiteren Anstieg der Kurve bis die Presse ihren Anschlag erreicht. Die Arbeit, die die Presse bei diesem Umformvorgang verrichten muss, findet sich in der Fläche unterhalb dieser Kurve, die sich mittels Integration bestimmen lässt (und mit der rechnerisch ermittelten Arbeit annähernd übereinstimmt).

M. Reichel, *Fertigungstechnik – Umformen,* essentials,
DOI 10.1007/978-3-658-18300-4_6

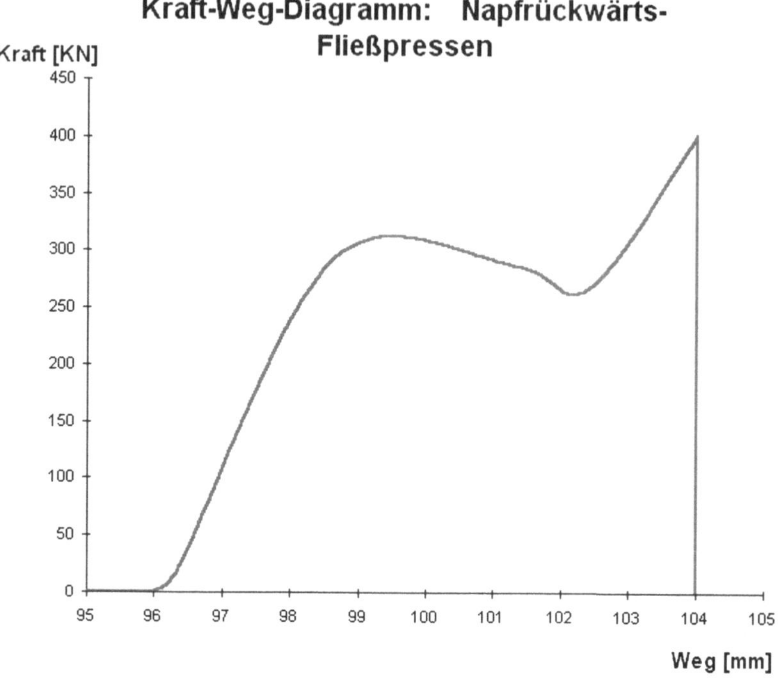

Abb 6.1 Kraft-Weg-Diagramm. (Eigene Darstellung)

Was Sie aus diesem *essential* mitnehmen können

- Fundierte und strukturierte Beschreibung über den Prozess für den technischen Anwender
- Hilfestellung, sowohl in Theorie als auch in der Praxis
- Wichtige Hinweise für die richtigen Prozessparameter durch Vergleich der Berechnungen gegenüber den Messergebnissen.

M. Reichel, *Fertigungstechnik – Umformen*, essentials,
DOI 10.1007/978-3-658-18300-4

Literatur

1. Bovenkerk, K., Braun, H., Dörflinger, R., Doll, W., Fischer, U., Heinzler, M., Höll, H., Ignatowitz, E., Kudlich, H., Nestle, H., Nist, G., Röhrer, W., Schilling, K., & Schubert, K. (1987). *Fachkunde Metall*. Wuppertal: Europa-Lehrmittel.
2. Doege, E., & Behrens, B.-A. (2010). *Handbuch der Umformtechnik*. Berlin: Springer.
3. Grote, K.-H., & Feldhusen, J. (2007). *Dubbel – Taschenbuch für den Maschinenbau*. Berlin: Springer.
4. König, W. (1996). *Fertigungsverfahren 4 – Massivumformung*. Berlin: Springer.
5. König, W., & Klocke, F. (2015). *Fertigungsverfahren 5 – Blechumformung*. Berlin: Springer.
6. Lange, K., & Liewald, M. (1988). *Umformtechnik – Handbuch für Industrie und Wissenschaft: Bd. 2. Massivumformung*. Berlin: Springer.
7. Schuler GmbH (Hrsg.). (1996). *Handbuch der Umformtechnik*. Berlin: Springer.
8. Technisches Datenblatt der Fa. LASCO Umformtechnik GmbH, Coburg.
9. Tschätsch, H., & Dietrich, J. (2000). *Praxis der Umformtechnik*. Dresden: Springer Vieweg.

M. Reichel, *Fertigungstechnik – Umformen*, essentials,
DOI 10.1007/978-3-658-18300-4